EVERYDAY MATH PRACTICE WITH ANSWER

Multiplication Workbook Grade 3 4 5

Copyright: Published in the United States by Melissa Smith/
© 2019 Melissa Smith All right reserved.

All rights reserved. No part of this publication may be reproduced, stored in retrieval system, copied in any form or by any means, electronic, mechanical, photocopying, recording or otherwise transmitted without written permission from the publisher. Please do not participate in or encourage piracy of this material in any way. You must not circulate this book in any format. Melissa Smith does not control or direct users' actions and is not responsible for the information or content shared, harm and/or actions of the book readers.

In accordance with the U.S. Copyright Act of 1976, the scanning, uploading and electronic sharing of any part of this book without the permission of the publisher constitute unlawful piracy and theft of the author's intellectual property. If you would like to use material from the book (other than just simply for reviewing the book), prior permission must be obtained by contacting the author at thebookhivenet@gmail.com
Thank you for your support of the author's rights.

WWW.THEBOOKHIVE.NET
VISIT PAGE: FACEBOOK.COM/THEBOOKHIVEDOTNET

FOLLOW ME: AMAZON.COM/AUTHOR/MELISSAS

Table of Content

What is Multiplication?
Writing multiplication expressions
Multiplication: Repeated Addition
Multiplication using Number Line
Multiplication: Commutative
Multiplication Table
Multiplication Chart
Multiplication Circles
Skip Counting
Long Multiplication
Two Digits or More
Try This! Multiply then paint it
Try This! Multiplying by itself
Try This! Fill in missing number
Try This! Multiply to complete circles
Try This! Decipher the secret message
Try This! Fill in the missing digit
Try This! Word Problem
Try This! Multiplication Pattern
Mental Multiplication
Try This! Multiplication Table
Answer Key

What is Multiplication?

When you multiply, you're essentially adding a specific number more than once. For example, if you eat 3 pieces of apples, then you eat another 3, then 3 more, you can say that you multiplied the number of apples you ate.

3 apples   3 apples   3 apples

Writing multiplication expressions

A multiplication expression is written like this:

$$4 \times 6$$

This can be read as four times six. The multiplication symbol is always placed in between of the two numbers you multiply.

There are many real-life situations can be stated with multiplication. For example, imagine that you want to make three apple pies. The recipe says that each pie needs four apples. In other words, you need 3 x 4 apples.

   4 apples   4 apples   4 apples

3 x 4

Try This!

Write the following situations as multiplication expressions. Don't try to solve them yet.

1. You have five pairs of six socks each.

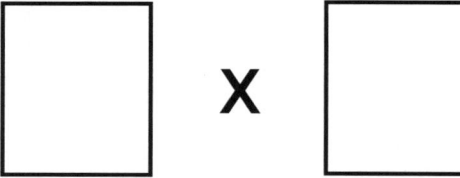

2. You need to take four pills four times a day.

3. We have five groups, and each group has two monkeys.

☐ X ☐

4. There are three groups, and each group has five cats.

☐ X ☐

5. Each bag contains nine donuts. You buy three boxes.

☐ X ☐

6. There are six tables, and each table has ten books.

☐ X ☐

7. There are four classrooms, and each classroom has twenty learners.

☐ X ☐

8. You thought the dog looked too skinny so you gave him three dog treats each time you visited for five consecutive days.

☐ X ☐

9. There are five lady bugs, and each has eleven spots.

☐ X ☐

10. There are fifty-four baskets, and each basket has seven oranges.

☐ X ☐

Multiplication: Repeated Addition

When you multiply two numbers, its result is the total number (product) that you might get by adding several groups (multiplicand) that have the same size (multiplier) repeatedly. If we are combining 7 groups with 4 objects in each group, it could be resulted by adding 4 objects repeatedly up to 7 instances.

For example, 5+5=10 is equivalent to the multiplication equation 5x2=10.

🍎🍎🍎🍎🍎	5 apples
🍎🍎🍎🍎🍎	5 apples

5 + 5 = 10

🍎🍎🍎🍎🍎 🍎🍎🍎🍎🍎	5 apples in 2 groups

5 x 2 = 10

Here we have three groups, and each group has four bears.

$$3 \times 4 = 12$$

How many groups?		How many in each group?		We can solve it by adding:
3	×	4	=	4 + 4 + 4 = 12
"Three	times	four bears	is	twelve bears."

Here we have four groups, and each group has two elephants.

$$4 \times 2 = 8$$

How many groups?		How many in each group?		We can solve it by adding:
4	×	2	=	2 + 2 + 2 + 2 = 8
"Four	times	two elephants	is	eight elephants."

Try This!

A. Fill in the missing parts.

1.

_____ groups, _____ squirrels.

_____ × _____ squirrels = _____ squirrels

_____ + _____ + _____ + _____ = _____

2.

_____ groups, _____ seals in each.

_____ × _____ seals = _____ seals

_____ + _____ = _____

3.

_____ groups, _____ duck in each.

_____ × _____ duck = _____ ducks

_____ + _____ + _____ = _____

4.

_____ group, _____ dogs in it.

1 × _____ dogs = _____ dogs

5.

_____ groups, _____ tigers.

_____ × _____ tigers = _____ tigers

_____ + _____ + _____ = _____

6.

_____ groups, _____ monkeys.

_____ × _____ monkeys = _____ monkeys

_____ + _____ = _____

7.

_____ groups, _____ tortoises

_____ x _____ tortoise = _____ tortoises

_____ + _____ + _____ = _____

8.

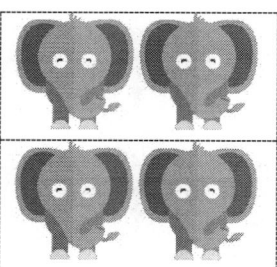

_____ group, _____ elephants in it.

_____ x _____ elephants = _____ elephants

_____ + _____ = _____

B. Write an addition and a multiplication sentence for each picture.

1.

____ + ____ + ____ + ____ = ____

____ × ____ = ____

2.

____ + ____ + ____ + ____ + ____

+ ____ = ____

____ × ____ = ____

3.

____ + ____ + ____ + ____ + ____

= ____

____ × ____ = ____

4.

____ + ____ + ____ + ____ = ____

____ × ____ = ____

9

C. Draw and write the multiplication sentence.

1. Draw 3 groups of seven sticks. _____ × _____ = _____	2. Draw 2 groups of eight balls. _____ × _____ = _____
3. Draw 4 groups of four stars. _____ × _____ = _____	4. Draw 5 groups of two hearts. _____ × _____ = _____

D. Draw groups of sticks to solve the multiplications.

1. 5 × 4 = _____	2. 4 × 6 = _____

3. 2 × 10 = _____

4. 8 × 3 = _____

5. 5 × 9 = _____

6. 2 × 6 = _____

7. 2 × 11 = _____

8. 3 × 3 = _____

9. 5 × 8 = _____

10. 7 × 3 = _____

E. Read and draw the following multiplication problems.

1. How many legs do five dogs have? _____ × _____ = _____	2. How many wheels do six bicycles have? _____ × _____ = _____
3. How many flowers are in three baskets of five flowers? _____ × _____ = _____	4. One bunch of grapes has 11 grapes. How many grapes are in three such bunches? _____ × _____ = _____

5. How many legs do ten chickens have?

_____ × _____ = _____

6. A cupboard has 12 mugs. How many of mugs do 5 cupboards have?

_____ × _____ = _____

7. There are 12 unicycles in the garage. How many unicycles do 100 garages have?

_____ × _____ = _____

8. How many cookies are there in 13 dozen?

_____ × _____ = _____

Multiplication using Number Line

Writing multiplications matches the jumps repeatedly on a number line. They use skips of 2 and skips of 6 on the number line to help them multiply by 2 and by 6. Students additionally draw the number line jumps to match given multiplications.

Five jumps, each jump is two steps. 5 × 2 = 10	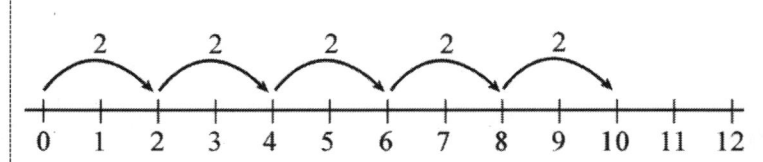
Four jumps, each jump is three steps. 4 × 3 = 12	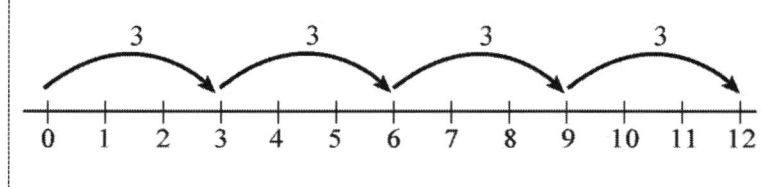

Try This!

A. Write the multiplication sentence that the jumps on the number line illustrate.

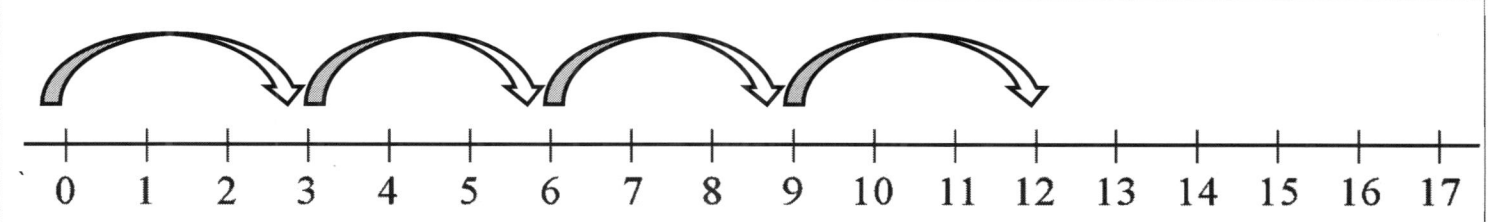

1. _____ × _____ = _____

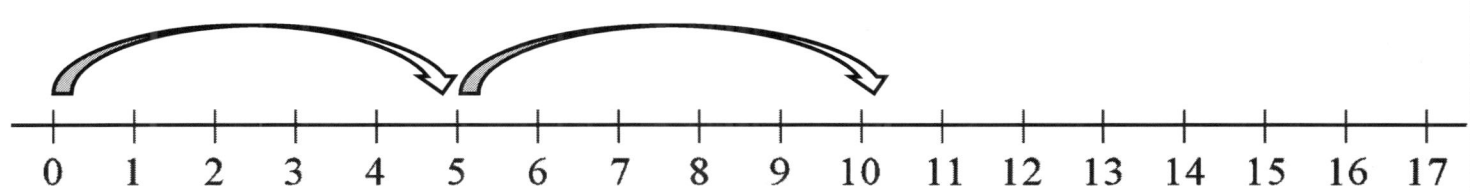

2. _____ × _____ = _____

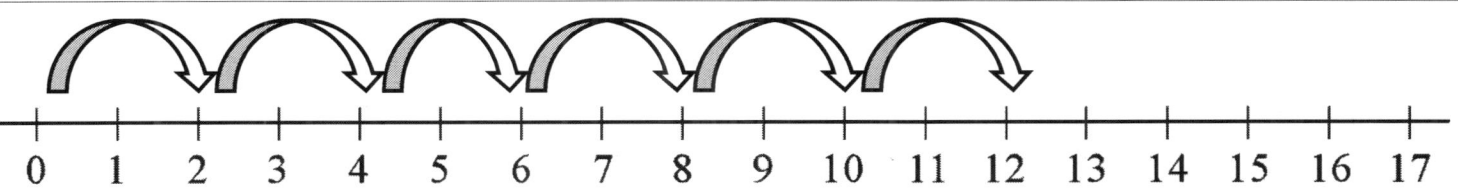

3. _____ × _____ = _____

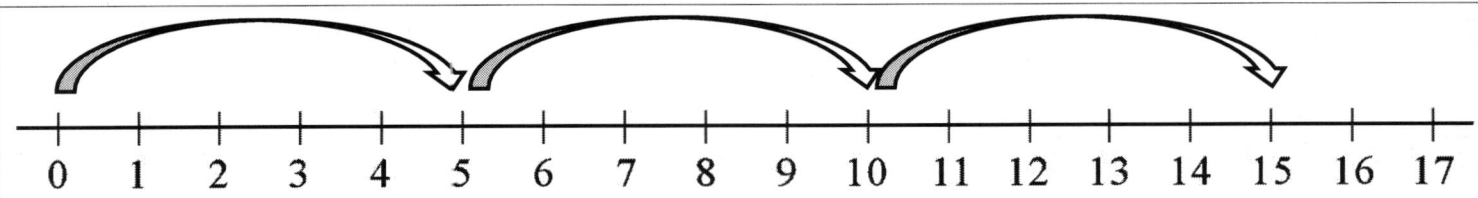

4. ____ × ____ = ____

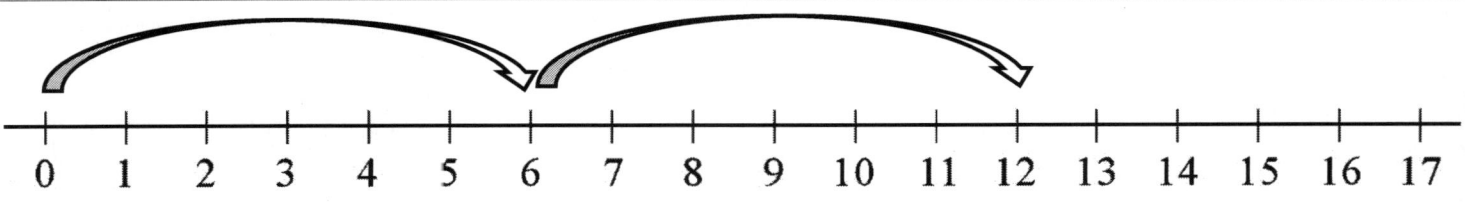

5. ____ × ____ = ____

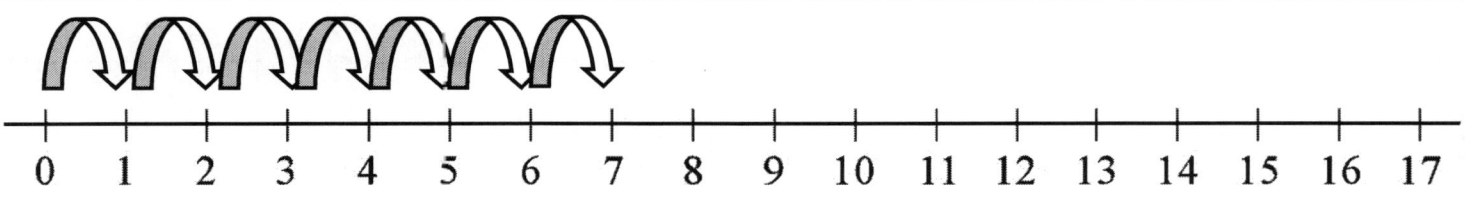

6. ____ × ____ = ____

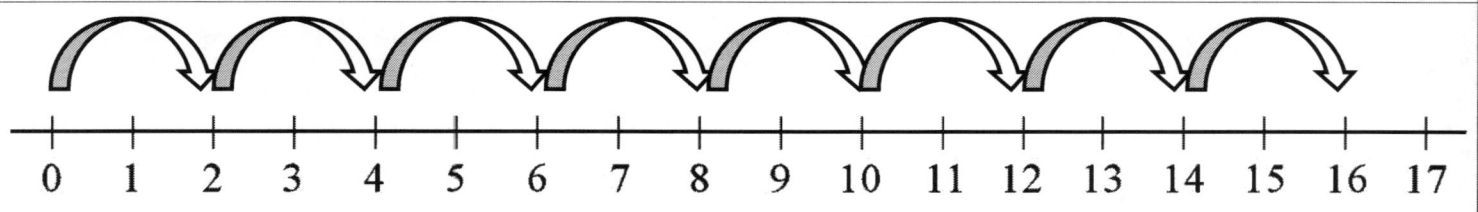

7. ____ × ____ = ____

B. Use the number line to answer the following multiplication problem.

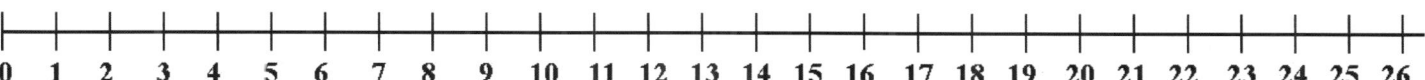

1. 3 × 2 = _____	4. 5 × 2 = _____	7. 5 × 6 = _____
2. 6 × 3 = _____	5. 7 × 4 = _____	8. 3 × 9 = _____
3. 4 × 5 = _____	6. 3 × 8 = _____	9. 4 × 10 = _____

Multiplication: Commutative

The commutative property of multiplication expresses that you can multiply numbers in any order or in any place but yet you still arrive the same product.

For example:

2 x 3 = 6

3 x 2 = 6

This means that 2 x 3 = 3 x 2.

The product is the same; only the numbers (factors) have changed places.

Example: What is the missing number in 5 x 4 = 4 x _____?

Answer: 5

We can exchange the numbers of 5 x 4 = 4 x 5 because of the commutative property of multiplication.

Example: What is the missing number in 4 x 3 = 3 x _____?

Answer: 4

We can multiply the factors in either order of 4 x 3 = 3 x 4.

Now that you have learned that the numbers can be multiplied in any order, you can change the factors to multiply in the order that you want.

> The Commutative Property of Multiplication states that the result (product) of a multiplication statement does not alter when you change the position of the numbers.

Try This!

Write a multiplication equation based on the number of rows and columns as an array. Then, using the Commutative Property of Multiplication, write an equivalent multiplication equation.

1.

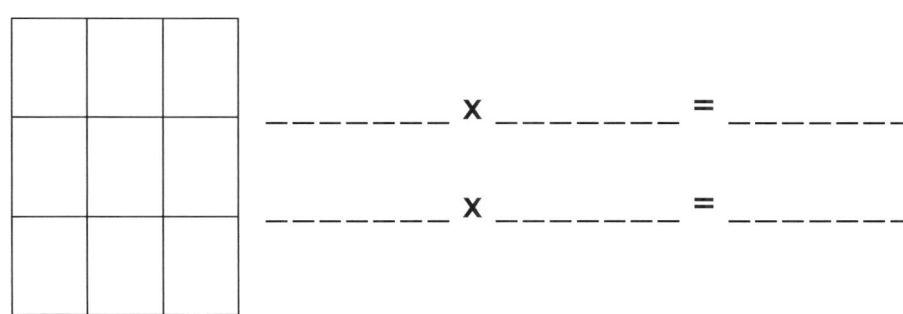

_____ x _____ = _____

_____ x _____ = _____

2.

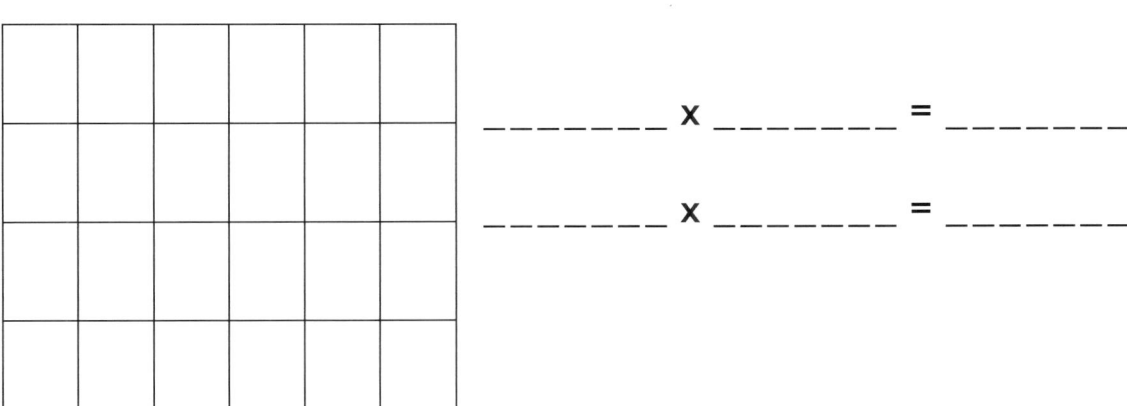

_____ x _____ = _____

_____ x _____ = _____

3.

_____ x _____ = _____

_____ x _____ = _____

4.

_____ x _____ = _____

_____ x _____ = _____

5.

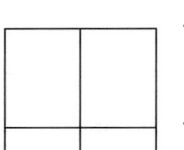 _____ x _____ = _____

_____ x _____ = _____

6.

 _____ x _____ = _____

_____ x _____ = _____

7.

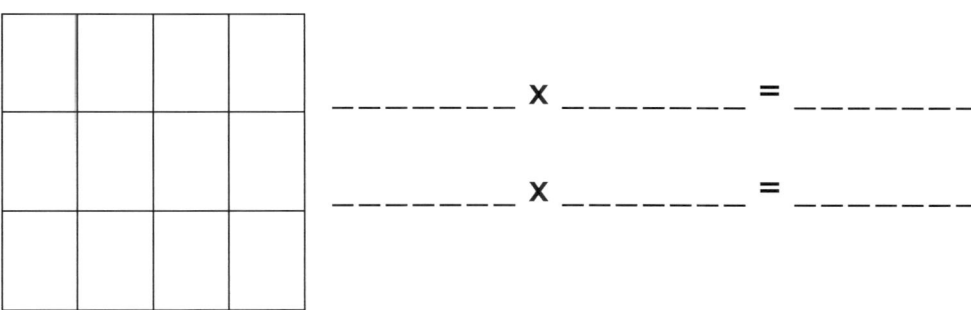   _____ x _____ = _____

_____ x _____ = _____

8.

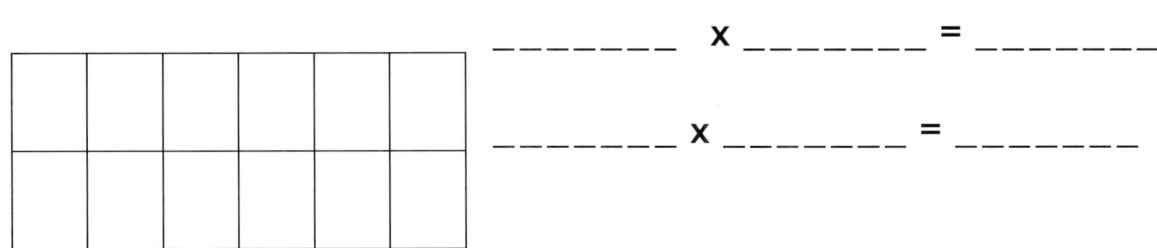   _____ x _____ = _____

_____ x _____ = _____

9.

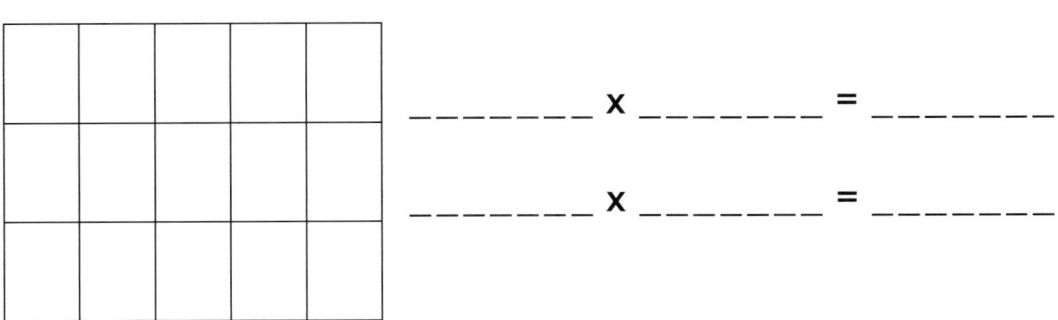   _____ x _____ = _____

_____ x _____ = _____

10.

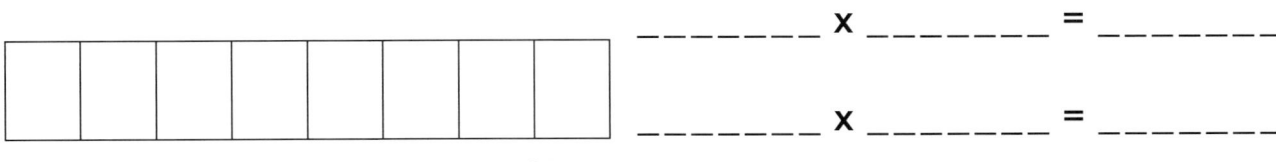   _____ x _____ = _____

_____ x _____ = _____

Multiplication Table

This is a multiplication chart of 1-12. You can practice on your own or with your parents. Learn the tables and say them out loud so you can remember them better. This means that mastery of these multiplication sums is not only important now, but also in future.

x	1	2	3	4	5	6	7	8	9	10	11	12
1	1	2	3	4	5	6	7	8	9	10	11	12
2	2	4	6	8	10	12	14	16	18	20	22	24
3	3	6	9	12	15	18	21	24	27	30	33	36
4	4	8	12	16	20	24	28	32	36	40	44	48
5	5	10	15	20	25	30	35	40	45	50	55	60
6	6	12	18	24	30	36	42	48	54	60	66	72
7	7	14	21	28	35	42	49	56	63	70	77	84
8	8	16	24	32	40	48	56	64	72	80	88	96
9	9	18	27	36	45	54	63	72	81	90	99	108
10	10	20	30	40	50	60	70	80	90	100	110	120
11	11	22	33	44	55	66	77	88	99	110	121	132
12	12	24	36	48	60	72	84	96	108	120	132	144

Multiplication Chart

1 x 1 =	1	2 x 1 =	2	3 x 1 =	3	4 x 1 =	4
1 x 2 =	2	2 x 2 =	4	3 x 2 =	6	4 x 2 =	8
1 x 3 =	3	2 x 3 =	6	3 x 3 =	9	4 x 3 =	12
1 x 4 =	4	2 x 4 =	8	3 x 4 =	12	4 x 4 =	16
1 x 5 =	5	2 x 5 =	10	3 x 5 =	15	4 x 5 =	20
1 x 6 =	6	2 x 6 =	12	3 x 6 =	18	4 x 6 =	24
1 x 7 =	7	2 x 7 =	14	3 x 7 =	21	4 x 7 =	28
1 x 8 =	8	2 x 8 =	16	3 x 8 =	24	4 x 8 =	32
1 x 9 =	9	2 x 9 =	18	3 x 9 =	27	4 x 9 =	36
1 x 10 =	10	2 x 10 =	20	3 x 10 =	30	4 x 10 =	40
1 x 11 =	11	2 x 11 =	22	3 x 11 =	33	4 x 11 =	44
1 x 12 =	12	2 x 12 =	24	3 x 12 =	36	4 x 12 =	48

5 x 1 =	5	6 x 1 =	6	7 x 1 =	7	8 x 1 =	8
5 x 2 =	10	6 x 2 =	12	7 x 2 =	14	8 x 2 =	16
5 x 3 =	15	6 x 3 =	18	7 x 3 =	21	8 x 3 =	24
5 x 4 =	20	6 x 4 =	24	7 x 4 =	28	8 x 4 =	32
5 x 5 =	25	6 x 5 =	30	7 x 5 =	35	8 x 5 =	40
5 x 6 =	30	6 x 6 =	36	7 x 6 =	42	8 x 6 =	48
5 x 7 =	35	6 x 7 =	42	7 x 7 =	49	8 x 7 =	56
5 x 8 =	40	6 x 8 =	48	7 x 8 =	56	8 x 8 =	64
5 x 9 =	45	6 x 9 =	54	7 x 9 =	63	8 x 9 =	72
5 x 10 =	50	6 x 10 =	60	7 x 10 =	70	8 x 10 =	80
5 x 11 =	55	6 x 11 =	66	7 x 11 =	77	8 x 11 =	88
5 x 12 =	60	6 x 12 =	72	7 x 12 =	84	8 x 12 =	96

9 x 1 =	9	10 x 1 =	10	11 x 1 =	11	12 x 1 =	12
9 x 2 =	18	10 x 2 =	20	11 x 2 =	22	12 x 2 =	24
9 x 3 =	27	10 x 3 =	30	11 x 3 =	33	12 x 3 =	36
9 x 4 =	36	10 x 4 =	40	11 x 4 =	44	12 x 4 =	48
9 x 5 =	45	10 x 5 =	50	11 x 5 =	55	12 x 5 =	60
9 x 6 =	54	10 x 6 =	60	11 x 6 =	66	12 x 6 =	72
9 x 7 =	63	10 x 7 =	70	11 x 7 =	77	12 x 7 =	84
9 x 8 =	72	10 x 8 =	80	11 x 8 =	88	12 x 8 =	96
9 x 9 =	81	10 x 9 =	90	11 x 9 =	99	12 x 9 =	108
9 x 10 =	90	10 x 10 =	100	11 x 10 =	110	12 x 10 =	120
9 x 11 =	99	10 x 11 =	110	11 x 11 =	121	12 x 11 =	132
9 x 12 =	108	10 x 12 =	120	11 x 12 =	132	12 x 12 =	144

Multiplication Circles

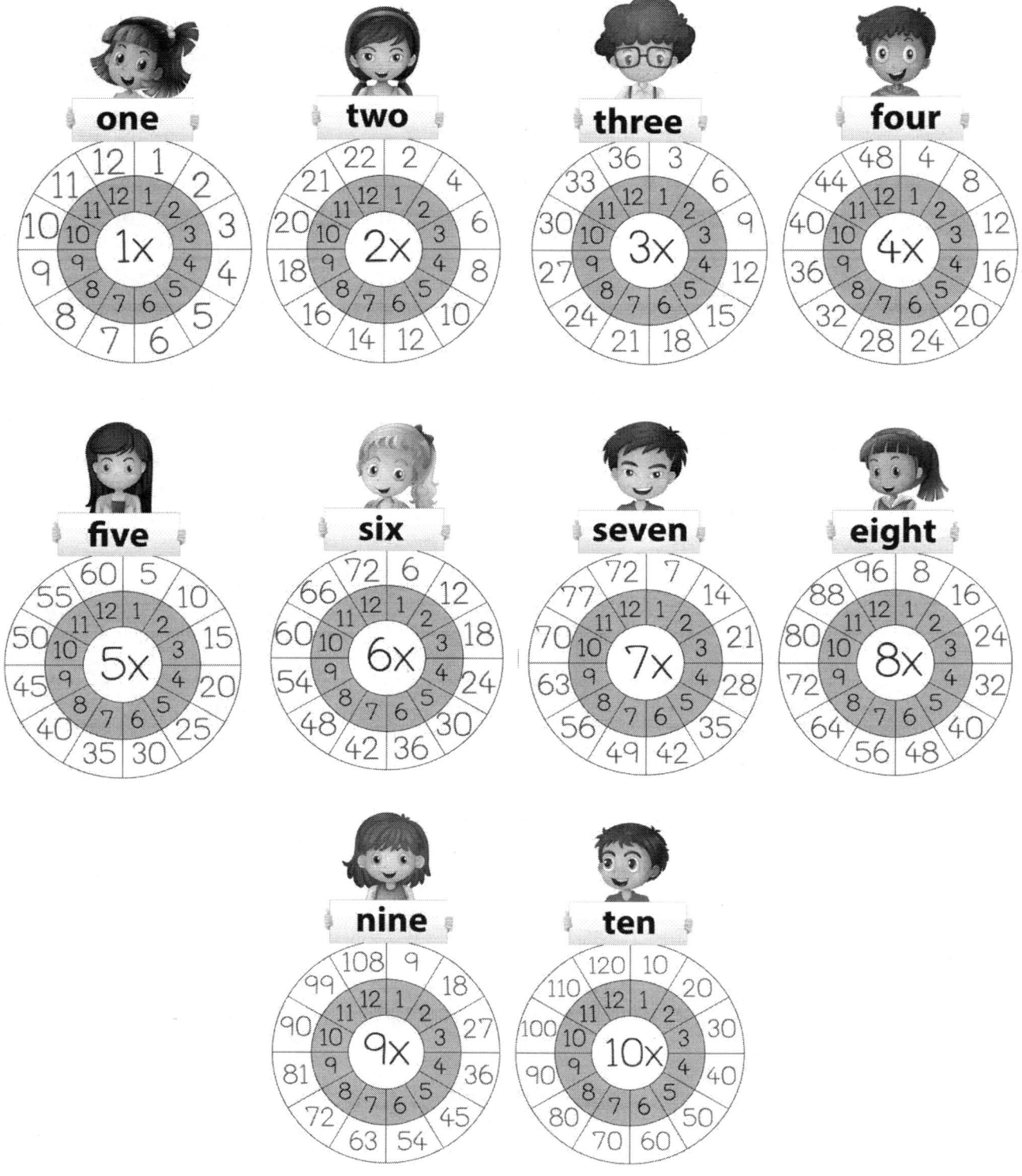

Try this!

1x table

1 x 1 =
1 x 2 =
1 x 3 =
1 x 4 =
1 x 5 =
1 x 6 =
1 x 7 =
1 x 8 =
1 x 9 =
1 x 10 =
1 x 11 =
1 x 12 =

2x table

2 x 1 =
2 x 2 =
2 x 3 =
2 x 4 =
2 x 5 =
2 x 6 =
2 x 7 =
2 x 8 =
2 x 9 =
2 x 10 =
2 x 11 =
2 x 12 =

3x table

3 x 1 =
3 x 2 =
3 x 3 =
3 x 4 =
3 x 5 =
3 x 6 =
3 x 7 =
3 x 8 =
3 x 9 =
3 x 10 =
3 x 11 =
3 x 12 =

4x table

4 x 1 =
4 x 2 =
4 x 3 =
4 x 4 =
4 x 5 =
4 x 6 =
4 x 7 =
4 x 8 =
4 x 9 =
4 x 10 =
4 x 11 =
4 x 12 =

5x table

5 x 1 =
5 x 2 =
5 x 3 =
5 x 4 =
5 x 5 =
5 x 6 =
5 x 7 =
5 x 8 =
5 x 9 =
5 x 10 =
5 x 11 =
5 x 12 =

6x table

6 x 1 =
6 x 2 =
6 x 3 =
6 x 4 =
6 x 5 =
6 x 6 =
6 x 7 =
6 x 8 =
6 x 9 =
6 x 10 =
6 x 11 =
6 x 12 =

7x table

7 x 1 =

7 x 2 =

7 x 3 =

7 x 4 =

7 x 5 =

7 x 6 =

7 x 7 =

7 x 8 =

7 x 9 =

7 x 10 =

7 x 11 =

7 x 12 =

8x table

8 x 1 =

8 x 2 =

8 x 3 =

8 x 4 =

8 x 5 =

8 x 6 =

8 x 7 =

8 x 8 =

8 x 9 =

8 x 10 =

8 x 11 =

8 x 12 =

9x table

9 x 1 =

9 x 2 =

9 x 3 =

9 x 4 =

9 x 5 =

9 x 6 =

9 x 7 =

9 x 8 =

9 x 9 =

9 x 10 =

9 x 11 =

9 x 12 =

10x table

10 x 1 =

10 x 2 =

10 x 3 =

10 x 4 =

10 x 5 =

10 x 6 =

10 x 7 =

10 x 8 =

10 x 9 =

10 x 10 =

10 x 11 =

10 x 12 =

11x table

11 x 1 =

11 x 2 =

11 x 3 =

11 x 4 =

11 x 5 =

11 x 6 =

11 x 7 =

11 x 8 =

11 x 9 =

11 x 10 =

11 x 11 =

11 x 12 =

12x table

12 x 1 =

12 x 2 =

12 x 3 =

12 x 4 =

12 x 5 =

12 x 6 =

12 x 7 =

12 x 8 =

12 x 9 =

12 x 10 =

12 x 11 =

12 x 12 =

Skip Counting

"Skip Counting" is counting by a number that is not 1

> Example: We Skip Count by 2 like this:
>
> 2, 4, 6, 8, 10, 12, 14, 16, 18, 20, ...

Skip counting is sometimes called counting by 2's or by 5's or by 10's or by 100's. Skip counting really supports with addition, subtraction, multiplication, and division. It is also used a lot for counting things – counting pairs of socks, groups of ten, money, boxes with 100 bottles in each box – the list goes on!

Skip Counting by 10's

Skip Counting by 10's is the easiest.

It is like normal counting (1,2,3,...) but there is an extra "0":

10, 20, 30, 40, 50, 60, 70, 80, 90, 100, ...

Skip Counting by 5's

Skip Counting by 5's has a nice pattern:

5, 10, 15, 20, 25, 30, 35, 40, 45, 50, ...

That pattern should make it easy for you!

Try This!

A. Skip Counting by 10's

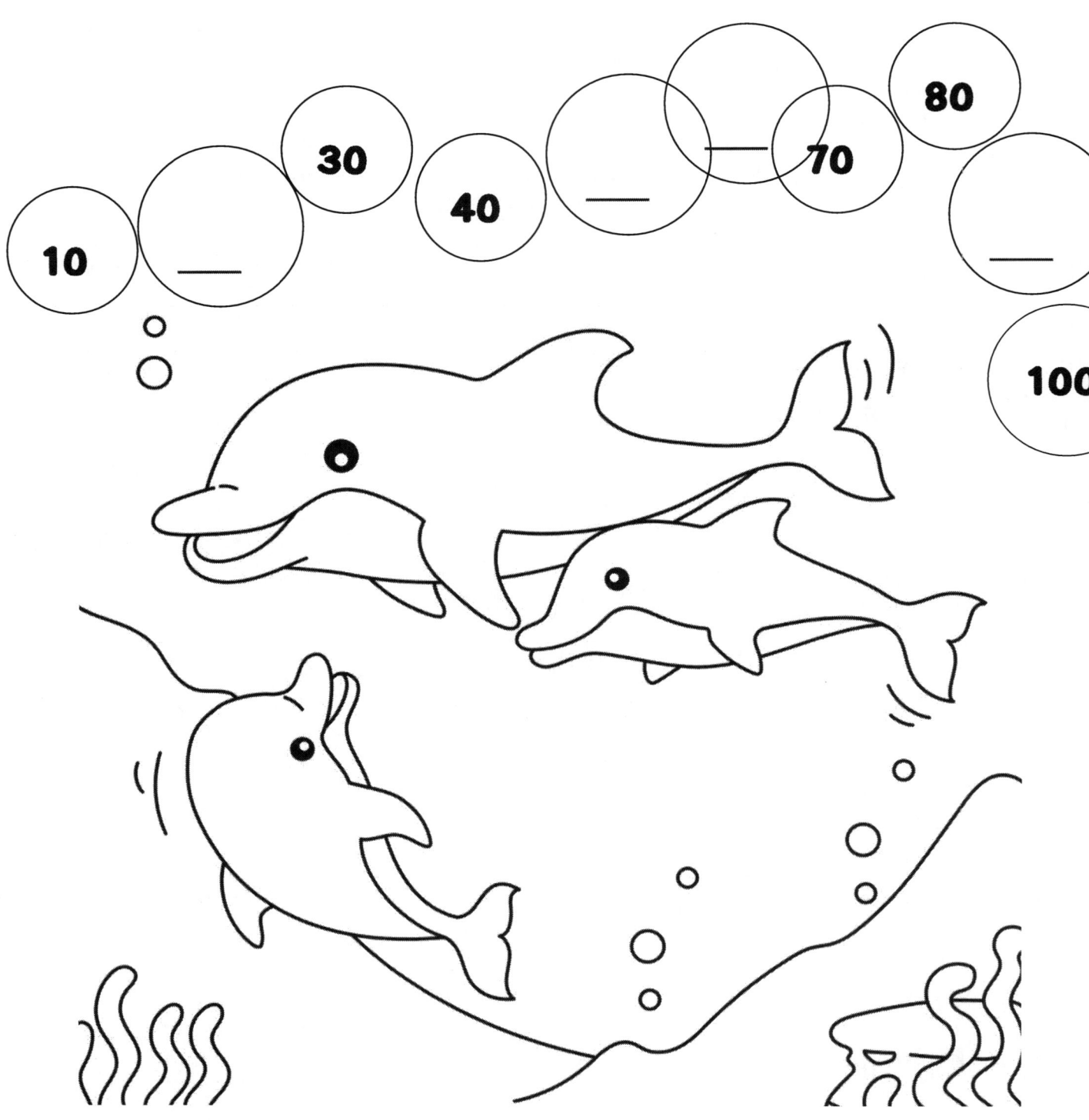

B. Skip Counting by 5's

C. Skip Counting by 3's.

D. Skip Counting by 2's.

E. Skip Counting by 3's.

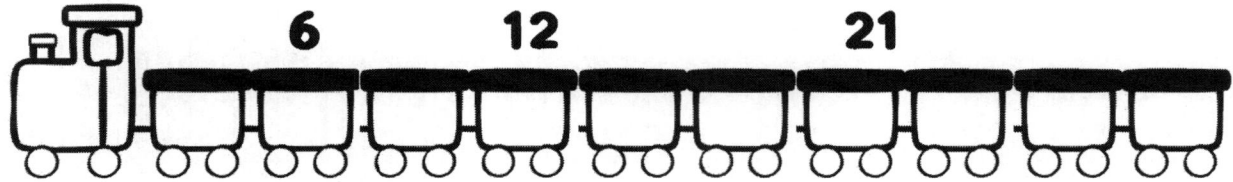

F. Skip Counting by 7's.

G. Skip Counting by 9s.

H. Complete the Skip Counting Series by 2's

1. 82 , 84 , 86 , _____ , _____ , _____ , _____ , _____ , _____

2. _____ , _____ , 101 , _____ , _____ , _____ , 109 , 111

3. _____ , _____ , 87 , _____ , 91 , 93 , _____ , _____

4. _____ , _____ , 92 , 94 , _____ , _____ , 100 , _____

5. 92 , 94 , _____ , 98 , _____ , _____ , _____ , _____

6. _____ , _____ , 100 , _____ , _____ , 106 , 108 , _____

7. _____ , 86 , _____ , _____ , 92 , _____ , _____ , 98

8. 93 , _____ , _____ , _____ , 101 , _____ , 105 , _____

9. 85 , _____ , _____ , _____ , _____ , 95 , _____ , 99

10. _____ , 92 , 94 , _____ , _____ , _____ , 102 , _____

11. _____ , _____ , _____ , 104 , _____ , 108 , _____ , 112

12. 80 , _____ , 84 , _____ , 88 , _____ , _____ , _____

I. Complete the Skip Counting Series by 3's

1. 89 , 92 , 95 , _____ , _____ , _____ , _____ , _____

2. 94 , 97 , 100 , _____ , _____ , _____ , _____ , _____

3. 88 , 91 , 94 , _____ , _____ , _____ , _____ , _____

4. 96 , 99 , 102 , _____ , _____ , _____ , _____ , _____

5. 81 , 84 , 87 , _____ , _____ , _____ , _____ , _____

6. 84 , 87 , 90 , _____ , _____ , _____ , _____ , _____

7. 80 , 83 , 86 , _____ , _____ , _____ , _____ , _____

8. 83 , 86 , 89 , _____ , _____ , _____ , _____ , _____

9. 97 , 100 , 103 , _____ , _____ , _____ , _____ , _____

10. 85 , 88 , 91 , _____ , _____ , _____ , _____ , _____

11. 99 , 102 , 105 , _____ , _____ , _____ , _____ , _____

12. 93 , 96 , 99 , _____ , _____ , _____ , _____ , _____

J. Complete the Skip Counting Series by 4's

1. 86 , 90 , 94 , _____ , _____ , _____ , _____ , _____

2. 91 , _____ , _____ , _____ , 107 , 111 , _____ , _____

3. 85 , _____ , _____ , 97 , _____ , 105 , _____ , _____

4. 81 , _____ , 89 , _____ , _____ , _____ , _____ , 109

5. _____ , 91 , 95 , 99 , _____ , _____ , _____ , _____

6. _____ , 98 , 102 , _____ , 110 , _____ , _____ , _____

7. _____ , 99 , _____ , _____ , _____ , 115 , 119 , _____

8. _____ , _____ , 90 , _____ , _____ , _____ , 106 , 110

9. 80 , _____ , 88 , _____ , _____ , _____ , 104 , _____

10. _____ , _____ , _____ , _____ , 114 , 118 , 122 , _____

11. _____ , _____ , 107 , 111 , _____ , _____ , _____ , 127

12. _____ , _____ , 105 , _____ , 113 , 117 , _____ , _____

K. Complete the Skip Counting Series by 5's

1. 99 , 104 , 109 , _____ , _____ , _____ , _____ , _____

2. _____ , _____ , 90 , _____ , _____ , 105 , 110 , _____

3. _____ , 91 , 96 , _____ , 106 , _____ , _____ , _____

4. _____ , 96 , _____ , _____ , _____ , _____ , 121 , 126

5. _____ , 98 , _____ , _____ , 113 , _____ , 123 , _____

6. _____ , 97 , 102 , _____ , _____ , 117 , _____ , _____

7. _____ , _____ , 104 , 109 , _____ , 119 , _____ , _____

8. _____ , _____ , 106 , 111 , 116 , _____ , _____ , _____

9. _____ , _____ , _____ , 104 , 109 , 114 , _____ , _____

10. _____ , 103 , _____ , _____ , 118 , _____ , _____ , 133

11. 88 , _____ , _____ , _____ , 108 , _____ , _____ , 123

12. 85 , 90 , _____ , 100 , _____ , _____ , _____ , _____

L. Complete the Skip Counting Series by 6's

1. 97 , 103 , 109 , _____ , _____ , _____ , _____ , _____

2. 93 , 99 , 105 , _____ , _____ , _____ , _____ , _____

3. 90 , 96 , 102 , _____ , _____ , _____ , _____ , _____

4. 92 , 98 , 104 , _____ , _____ , _____ , _____ , _____

5. 86 , 92 , 98 , _____ , _____ , _____ , _____ , _____

6. 80 , 86 , 92 , _____ , _____ , _____ , _____ , _____

7. 96 , 102 , 108 , _____ , _____ , _____ , _____ , _____

8. 88 , 94 , 100 , _____ , _____ , _____ , _____ , _____

9. 94 , 100 , 106 , _____ , _____ , _____ , _____ , _____

10. 95 , 101 , 107 , _____ , _____ , _____ , _____ , _____

11. 84 , 90 , 96 , _____ , _____ , _____ , _____ , _____

12. 98 , 104 , 110 , _____ , _____ , _____ , _____ , _____

M. Complete the Skip Counting Series by 7's

1. 84 , 91 , 98 , _____ , _____ , _____ , _____ , _____

2. 86 , _____ , 100 , 107 , _____ , _____ , _____ , _____

3. _____ , _____ , _____ , 106 , 113 , _____ , 127 , _____

4. 81 , _____ , _____ , _____ , 109 , _____ , 123 , _____

5. 82 , 89 , 96 , _____ , _____ , _____ , _____ , _____

6. 89 , _____ , _____ , _____ , 117 , 124 , _____ , _____

7. _____ , 104 , 111 , _____ , _____ , _____ , _____ , 146

8. _____ , 105 , _____ , _____ , 126 , _____ , 140 , _____

9. _____ , _____ , 106 , _____ , 120 , _____ , 134 , _____

10. 80 , _____ , 94 , _____ , _____ , _____ , _____ , 129

11. 99 , _____ , 113 , _____ , _____ , _____ , _____ , 148

12. _____ , _____ , _____ , _____ , 124 , _____ , 138 , 145

N. Complete the Skip Counting Series by 8's

1. 86 , 94 , 102 , _____ , _____ , _____ , _____ , _____

2. 99 , 107 , 115 , _____ , _____ , _____ , _____ , _____

3. 81 , 89 , 97 , _____ , _____ , _____ , _____ , _____

4. 88 , 96 , 104 , _____ , _____ , _____ , _____ , _____

5. 80 , 88 , 96 , _____ , _____ , _____ , _____ , _____

6. 94 , 102 , 110 , _____ , _____ , _____ , _____ , _____

7. 82 , 90 , 98 , _____ , _____ , _____ , _____ , _____

8. 95 , 103 , 111 , _____ , _____ , _____ , _____ , _____

9. 85 , 93 , 101 , _____ , _____ , _____ , _____ , _____

10. 97 , 105 , 113 , _____ , _____ , _____ , _____ , _____

11. 90 , 98 , 106 , _____ , _____ , _____ , _____ , _____

12. 96 , 104 , 112 , _____ , _____ , _____ , _____ , _____

O. Complete the Skip Counting Series by 9's

1. 84 , 93 , 102 , _____ , _____ , _____ , _____ , _____

2. 85 , _____ , _____ , _____ , _____ , 130 , 139 , _____

3. _____ , _____ , 114 , 123 , _____ , 141 , _____ , _____

4. _____ , 108 , _____ , 126 , _____ , _____ , 153 , _____

5. _____ , _____ , _____ , _____ , 118 , 127 , 136 , _____

6. 91 , _____ , _____ , _____ , 127 , _____ , _____ , 154

7. 86 , 95 , _____ , _____ , _____ , 131 , _____ , _____

8. _____ , _____ , 108 , 117 , 126 , _____ , _____ , _____

9. _____ , _____ , 107 , _____ , 125 , _____ , 143 , _____

10. 98 , _____ , _____ , _____ , 134 , _____ , 152 , _____

11. _____ , _____ , 115 , _____ , 133 , _____ , 151 , _____

12. _____ , _____ , _____ , 121 , 130 , _____ , 148 , _____

P. Complete the Skip Counting Series by 10's

1. 84 , 94 , 104 , _____ , _____ , _____ , _____ , _____

2. _____ , _____ , 108 , 118 , _____ , _____ , 148 , _____

3. _____ , 106 , _____ , _____ , _____ , _____ , 156 , 166

4. _____ , _____ , _____ , 111 , _____ , 131 , _____ , 151

5. _____ , _____ , 119 , _____ , 139 , _____ , _____ , 169

6. _____ , _____ , 110 , _____ , 130 , 140 , _____ , _____

7. _____ , 101 , 111 , _____ , _____ , _____ , _____ , 161

8. 97 , _____ , 117 , _____ , _____ , 147 , _____ , _____

9. 80 , _____ , 100 , _____ , _____ , 130 , _____ , _____

10. 89 , 99 , _____ , _____ , _____ , _____ , _____ , 159

11. _____ , 97 , _____ , _____ , 127 , _____ , 147 , _____

12. 94 , _____ , _____ , _____ , _____ , _____ , 154 , 164

41

Q. Complete the Skip Counting Series by 11's

1. 41 , 52 , 63 , __74__ , __85__ , __96__ , __107__ , __118__

2. 58 , 69 , 80 , __91__ , __102__ , __113__ , __124__ , __135__

3. 43 , 54 , 65 , __76__ , __87__ , __98__ , __109__ , __120__

4. 46 , 57 , 68 , __79__ , __90__ , __101__ , __112__ , __123__

5. 50 , 61 , 72 , __83__ , __94__ , __105__ , __116__ , __127__

6. 52 , 63 , 74 , __85__ , __96__ , __107__ , __118__ , __129__

7. 47 , 58 , 69 , __80__ , __91__ , __102__ , __113__ , __124__

8. 49 , 60 , 71 , __82__ , __93__ , __104__ , __115__ , __126__

9. 45 , 56 , 67 , __78__ , __89__ , __100__ , __111__ , __122__

10. 53 , 64 , 75 , __86__ , __97__ , __108__ , __119__ , __130__

11. 56 , 67 , 78 , __89__ , __100__ , __111__ , __122__ , __133__

12. 59 , 70 , 81 , __92__ , __103__ , __114__ , __125__ , __136__

R. Complete the Skip Counting Series by 12's

1. 88 , 100 , 112 , _____ , _____ , _____ , _____ , _____

2. _____ , _____ , 118 , _____ , 142 , _____ , _____ , 178

3. _____ , _____ , 105 , _____ , _____ , 141 , 153 , _____

4. _____ , _____ , 110 , _____ , 134 , _____ , 158 , _____

5. _____ , 108 , 120 , _____ , _____ , _____ , 168 , _____

6. _____ , 101 , _____ , 125 , 137 , _____ , _____ , _____

7. _____ , 103 , _____ , 127 , _____ , 151 , _____ , _____

8. _____ , _____ , _____ , _____ , 128 , 140 , 152 , _____

9. 99 , _____ , _____ , _____ , 147 , _____ , 171 , _____

10. 98 , 110 , _____ , _____ , _____ , _____ , _____ , 182

11. _____ , _____ , _____ , 118 , 130 , _____ , _____ , 166

12. 85 , _____ , 109 , _____ , _____ , 145 , _____ , _____

Long Multiplication

Long multiplication is a process used to take care of multiplication problems with larger numbers. One thing that can truly help you in long multiplication is your mastery in multiplication table. This will fasten up your work and make it increasingly precise.

For example, you want to multiply

$$456 \times 4$$

Step 1: Write down the numbers on top of each other. You align the numbers starting from the right-most per place value.

Examples:

```
    456      ← Multiplicand
x     4      ← Multiplier
   1824      ← Product
```

Step 2: Start multiplying from the ones place with the multiplier.

    22
   456
x   4
─────
1824

1. 4 x 6 = 24, carry the 2 to the next place value which is on the tens place.
2. 4 x 5 = 20 + the carried 2 = 22, carry the 2 to the next place value which is on the hundreds place.
3. 4 x 4 = 16 + the carried 2 = 18

Try This!

1.   8016
     x   2

2.   4365
     x   2

3.   3673
     x   7

4.   1384
     x   7

5.   8675
     x   3

6.   2258
     x   9

7. 9894
    x   6

8. 1482
    x   7

9. 9861
    x   2

10. 7182
    x   9

11. 4296
    x   4

12. 6047
    x   9

13. 3840
    x   6

14. 2941
    x   7

15. 7779
    x   4

Two Digits or More

The same process when multiplying by more than two-digit numbers. We just have to move over more place values:

```
   22
   11
   456
 x  42
   912
   1
+18240
 19152
```

> **Multiply Multiplicands 456 by the Multiplier 2**
>
> 1. 2 x 6 =12, carry the 1 to the next place value which is on the tens place.
> 2. 2 x 5 = 10 + the carried 1 = 11, carry the 1 to the next place value which is on the hundreds place.
> 3. 2 x 4 = 8 + the carried 1 = 9
>
> **Multiply Multiplicands 456 by the Multiplier 4**
>
> 1. Add 0 to the ones place value of the next level.
> 2. 4 x 6 =24, carry the 2 to the next place value which is on the tens place. (You don't need to include the carries from the previous multiplier.)
> 3. 4 x 5 = 20 + the carried 2 = 22, carry the 2 to the next place value which is on the hundreds place.
> 4. 4 x 4 = 16 + the carried 2 = 18
>
> Lastly, add all to get the product.

Try This!

1. 2569
   × 24

2. 5871
   × 98

3. 889
   × 72

4. 234
   × 69

5. 7596
   × 31

6. 28
   × 19

7. 94
   × 11

8. 1702
   × 24

9. 1066
   × 32

10. 7002
    × 39

11. 1060
    × 14

12. 607
    × 21

13. 545
   x 787

14. 535
   x 541

15. 926
   x 82

16. 110
   x 271

17. 8600
   x   57

18. 981
   x 49

19. 894
   x 702

20. 170
   x 503

21. 962
   x 988

22. 794
   x 303

23. 728
   x 660

24. 573
   x 848

25. 396
    x 994

26. 797
    x 411

27. 339
    x 764

28. 372
    x 77

29. 793
    x 84

30. 922
    x 61

31. 542
    x 35

32. 473
    x 20

33. 960
    x 36

34. 694
    x   5

35. 930
    x   9

36. 263
    x 10

Try This!

A. Multiply. Then, use the color code to complete the picture.

1 056: light blue   469: red   120: green
2 100: red   110: orange   67 050: light yellow
80: light blue   81: yellow   45: gray
18 819: green   35: green   525: orange

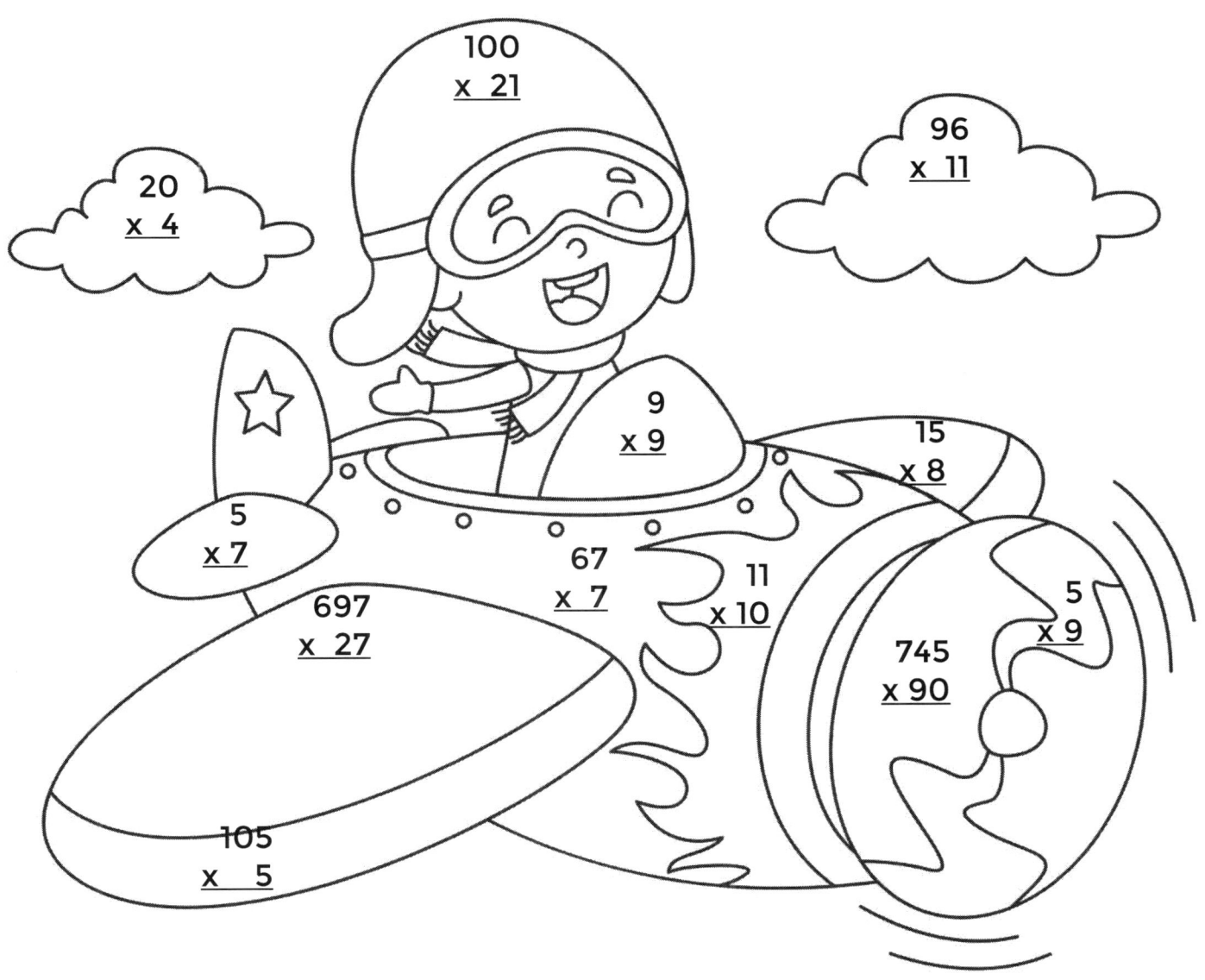

B. Multiply. Then, use the color code to complete the picture.

78: brown
7316: yellow
560: yellow green
1066: black

552: light blue
54684: green
660: green

783: blue
5929: red orange
1830: brown

Try This!

Find the products. Then, solve the riddle by matching the letters on the blank lines below.

| D | 82 × 79 | | E | 43 × 41 | | L | 90 × 26 |

| T | 36 × 15 | | T | 41 × 34 | | H | 59 × 92 |

| R | 37 × 75 | | E | 24 × 18 | | E | 89 × 52 |

| | | | | | | T | 53 × 89 |

You find me in December, but not in any other month. What am I?

T   H   E   L   E   T   T   E   R   D!
540 5428 1763 2340 432 1394 4717 4628 2775 6478

Try This!

A. Multiplying by Itself!

1 x 1 =   2 x 2 =   3 x 3 =

4 x 4 =   5 x 5 =   6 x 6 =

7 x 7 =   8 x 8 =   9 x 9 =

10 x 10 =   11 x 11 =   12 x 12 =

Try This!

A. Fill in the missing number.

1. 5 x ___ = 15   2. 27 = 3 x ___   3. 28 = ___ x 7

4. 80 = 10 x ___   5. 90 = ___ x 9   6. 7 x 1 = ___

7. ___ x 2 = 14   8. 7 x 8 = ___   9. 3 x ___ = 21

10. ___ x 9 = 81   11. 7 = 1 x ___   12. ___ = 6 x 2

13. 32 = 4 x ___   14. ___ x 8 = 48   15. 4 x 5 = ___

16. 24 = 3 x ___   17. ___ x 2 = 10   18. 72 = ___ x 8

19. 9 x 4 = ___   20. 10 = ___ x 10 21. ___ = 10 x 2

22. 8 x ___ = 64   23. 6 x ___ = 36   24. ___ x 3 = 9

25. ___ x 7 = 7   26. 50 = ___ x 10 27. 10 x ___ = 10

28. ___ = 7 x 9   29. ___ = 4 x 4   30. 1 x 8 = ___

31. 6 x 6 = ___   32. ___ = 6 x 5   33. ___ x 6 = 12

34. ___ = 3 x 2   35. ___ x 8 = 72   36. 12 = 3 x ___

37. 40 = ___ x 10   38. 7 x 9 = ___   39. ___ x 9 = 72

40. ___ x 4 = 12   41. ___ = 3 x 9   42. 16 = ___ x 2

43. 80 = ___ x 8   44. 4 x ___ = 24   45. 6 x 3 = ___

46. 7 x ___ = 63   47. 10 x ___ = 20   48. 40 = 5 x ___

49. 24 = 4 x ___   50. ___ x 9 = 9   51. 3 x ___ = 27

52. ___ = 9 x 7   53. ___ = 2 x 9   54. ___ = 9 x 6

55. ___ = 5 x 2   56. 15 = 3 x ___   57. 1 x 6 = ___

58. ___ = 3 x 3   59. 24 = 8 x ___   60. 1 x 5 = ___

61. 7 x ___ = 21   62. 4 x ___ = 36   63. 2 x 7 = ___

64. ___ = 2 x 4   65. 30 = 3 x ___   66. ___ = 3 x 5

67. 8 x 9 = ___   68. ___ x 2 = 18   69. ___ x 1 = 3

70. ___ = 2 x 5   71. 60 = ___ x 6   72. ___ = 5 x 3

73. ___ x 5 = 10   74. 7 x 5 = ___   75. ___ x 1 = 3

76. 60 = ___ x 10   77. 10 x 6 = ___   78. 27 = 3 x ___

79. ___ = 7 x 10   80. 2 x 8 = ___   81. ___ = 5 x 5

82. 10 = 5 x ___   83. 1 x ___ = 2   84. 8 x ___ = 48

85. 6 = ___ x 1   86. 6 = ___ x 3   87. 5 x 5 = ___

88. ___ x 6 = 24   89. ___ = 5 x 3   90. ___ x 9 = 63

91. ___ = 2 x 6   92. ___ = 7 x 5   93. ___ = 9 x 6

94. 63 = ___ x 7   95. 10 x ___ = 20   96. ___ = 7 x 9

97. 10 x 2 = ___   98. 12 = ___ x 3   99. 64 = 8 x ___

100. ___ = 9 x 9   101. ___ = 5 x 9   102. 72 = ___ x 9

103. 3 x ___ = 27   104. ___ = 6 x 2   105. ___ x 10 = 50

Try This!

Multiply the outer number by its inner number to complete the circles.

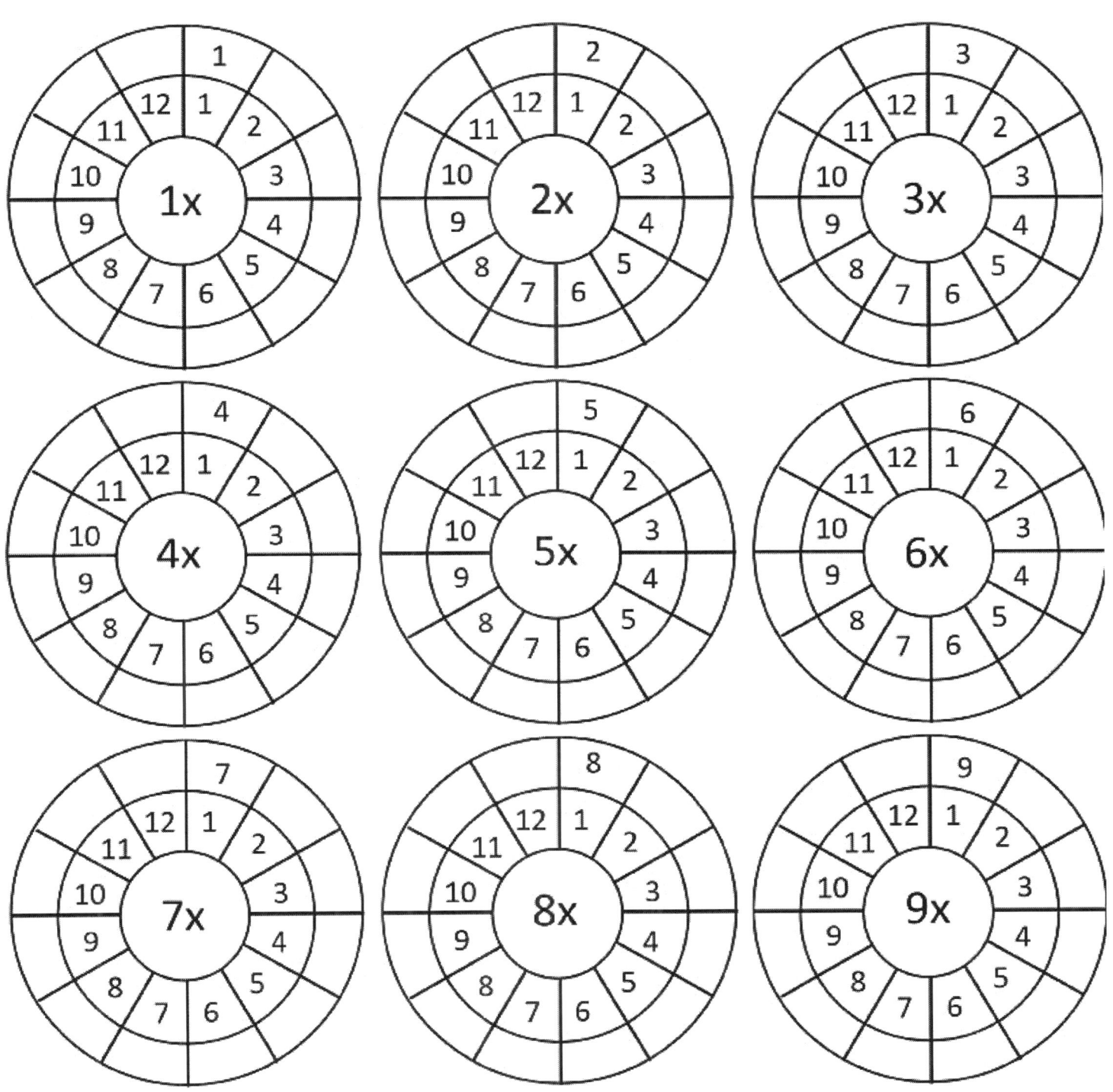

Try This!

Decipher the secret message.

$\underline{}\ \underline{}\ \underline{}\ \underline{}\ \underline{}\ \underline{}\ \underline{}$
108 84 15 80 96 6 12

$\underline{}\ \underline{}\ \underline{}\ \underline{}\ \underline{}\ \underline{}\ \underline{}\ \underline{}\ \underline{}\ \underline{}\ \underline{}\ \underline{}\ \underline{}\ \underline{}$
14 40 15 36 96 20 15 96 45 110 36 96 84 6

$\underline{}\ \underline{}\ \underline{}\ \underline{}\ \underline{}$.
96 108 24 40 6

I 12 × 8	U 10 × 4	F 6 × 4	O 12 × 7	T 9 × 4
V 10 × 8	A 11 × 10	M 7 × 2	N 3 × 2	S 12 × 9
C 9 × 5	G 4 × 3	L 5 × 3	P 5 × 4	

Try This!

Fill in the missing digits and complete the calculations.

1.
```
      2 8
  ×   1 2
  ─────────
      
+   2 8 0
  ─────────
```

2.
```
      3 6 0
  ×     1 5
  ─────────
    1 8
+     6 0
  ─────────
```

3.
```
        8 6 9
  ×     6 3 1
  ─────────────
            6
        6 7
+   5 1
  ─────────────
```

4.
```
      9 9
  ×   7 8
  ─────────
    7
+     3 0
  ─────────
```

5.
```
      5 4 8
  ×     7 8
  ─────────
      4 8
+     3
  ─────────
```

6.
```
      5 8 9 6
  ×     1 8 9
  ─────────────
            6
            8
+       6
  ─────────────
```

Try This!

Word Problem

Read and solve word problems. Show your solution.

1. How many eggs are there in 20 dozen?

2. How many minutes are there in 3 hours?

3. Each month, Luis earned $21.00 a month. How much will he earn for 3 years?

4. How many days in 4 weeks?

5. There are 60 pieces in a puzzle. How many pieces are there if you have 4 puzzles?

6. A car travels 40 miles per 2 hours. How far has he travelled in 8 hours?

7. A pen costs $0.30. How much does it cost for 2 pens?

8. Lara went to the store 6 times to buy candies. If she bought 5 candies each time she went there, how many candies did she bought?

9. There are 10 bottles in each box. How many bottles are there in 45 boxes?

10. Ana' salary per day is $123.00. How much is her salary for 23 days?

11. A ticket for cinema costs $25.00. How many will she pay for 5 tickets?

12. A farmer harvests 45 pieces of apples every day. How many apples can he harvest for 30 days?

13. The cheap hat cost $ 1.00 for each pair, and the expensive ones cost $ 4.00 each. How much will it cost if you will buy 5 cheap and 7 expensive hats?

14. Each child has 5 pencils. How many pencils are there in 28 children?

15. There are 35 learners in each classroom. How many learners are there if the school has 8 classrooms?

16. Viktor collected $5 each from his 25 classmates for their party. How much does he have collected?

17. Kate needs to bake 3 cakes for her son's birthday party. If a cake needs 4 eggs, how many eggs does she needs?

18. A paper pad costs $1.50 each. If Rose will buy 4 pads, how much does she need to pay?

19. If the weight of the plate is 236 grams, what is the total weight of 10 plates?

Try This!

Multiplication Pattern

Write the product for each multiplication problem.

1. 5 x 10 = _____
2. 5 x 6 = _____
3. 5 x 100 = _____
4. 5 x 60 = _____
5. 5 x 1,000 = _____
6. 5 x 600 = _____
7. 5 x 10,000 = _____
8. 5 x 6,000 = _____
9. 3 x 1,000 = _____
10. 4 x 1,000 = _____

11. 6 x 100 = _____
12. 3 x 10,000 = _____
13. 2 x 10 = _____
14. 7 x 1,000 = _____
15. 6 x 40,000 = _____
16. 2 x 200 = _____
17. 1 x 30,000 = _____
18. 4 x 100 = _____
19. 3 x 2,000 = _____
20. 3 x 70 = _____

21. 12 x 10 = _____

22. 16 x 1000 = _____

23. 789 x 10000 = _____

24. 34 x 100 = _____

25. 566 x 1,000 = _____

26. 45 x 600 = _____

27. 90 x 10,000 = _____

28. 12 x 6,000 = _____

29. 34 x 1,000 = _____

30. 4 x 1,000 = _____

31. 62 x 100 = _____

32. 213 x 1000 = _____

33. 112 x 10 = _____

34. 77 x 1,000 = _____

35. 2 x 40,000 = _____

36. 2 x 500 = _____

37. 2 x 30,000 = _____

38. 3 x 100 = _____

39. 7 x 2,000 = _____

40. 1 x 70 = _____

Try This!

Mental Multiplication

A. Fill in the missing numbers - but only in your head. Do NOT write the answers down. Go through the problems until you remember them easily.

1. ☐ × 4 = 28
2. ☐ × 4 = 4
3. ☐ × 4 = 8
4. ☐ × 4 = 44
5. ☐ × 4 = 48
6. ☐ × 4 = 36

7. ☐ × 4 = 12
8. ☐ × 4 = 16
9. ☐ × 4 = 40
10. ☐ × 4 = 24
11. ☐ × 4 = 32
12. ☐ × 4 = 20

13. 4 × ☐ = 40
14. 4 × ☐ = 28
15. 4 × ☐ = 48
16. 4 × ☐ = 24
17. 4 × ☐ = 44
18. 4 × ☐ = 36

19. 4 × ☐ = 12
20. 4 × ☐ = 8
21. 4 × ☐ = 32
22. 4 × ☐ = 20
23. 4 × ☐ = 4
24. 4 × ☐ = 16

B.

1. 5 × 4 =
2. 12 × 4 =
3. 9 × 4 =
4. 4 × 4 =
5. 2 × 4 =
6. 8 × 4 =
7. 7 × 4 =
8. 10 × 4 =
9. 4 × 7 =
10. 4 × 12 =
11. 4 × 1 =
12. 4 × 9 =
13. 4 × 3 =
14. 4 × 10 =
15. 8 × 4 =
16. 4 × 2 =
17. 3 × 4 =
18. 1 × 4 =
19. 4 × 5 =
20. 9 × 4 =
21. 11 × 4 =
22. 6 × 4 =
23. 4 × 8 =
24. 4 × 6 =

25. 5 × 11 =
26. 12 × 11 =
27. 9 × 11 =
28. 4 × 11 =
29. 11 × 11 =
30. 3 × 11 =
31. 2 × 11 =
32. 8 × 11 =
33. 7 × 11 =
34. 10 × 11 =
35. 6 × 11 =
36. 1 × 11 =
37. 11 × 7 =
38. 11 × 12 =
39. 11 × 1 =
40. 11 × 9 =
41. 11 × 11 =
42. 11 × 5 =
43. 11 × 3 =
44. 11 × 10 =
45. 11 × 4 =
46. 11 × 2 =
47. 11 × 8 =
48. 11 × 6 =
49. 6 × 11 =
50. 13 × 11 =
51. 10 × 11 =
52. 5 × 11 =
53. 12 × 11 =
54. 4 × 11 =
55. 1 × 11 =
56. 7 × 11 =
57. 6 × 11 =
58. 9 × 11 =
59. 5 × 11 =
60. 7 × 11 =

Try This!

Multiplication Table

Can you now memorize the multiplication table? Let's try!

Complete the multiplication table.

x	1	2	3	4	5	6	7	8	9	10	11	12
1												
2												
3												
4												
5												
6												
7												
8												
9												
10												
11												
12												

Answer Key

pp.2-4
1.) 5x6 2.) 4 x4 3.) 5x2 4.) 3x5 5.) 9x3
6.) 6x10 7.) 4x20 8.) 3x5 9.) 5x11 10.) 54x7

p. 7-13
A.
1.) 4,2, 4x2=8, 2+2+2+2=8
2.) 2,3, 2x3=6, 3+3=6
3.) 3,1, 3x1=3, 1+1+1=3
4.) 1,4, 1x4=4
5.) 3,4, 3x4=12, 4+4+4=12
6.) 2,5, 2x5=10, 5+5=10
7.) 3,2, 3x2=6, 2+2+2=6
8.) 2,2 2x2=4, 2+2=4

B.
1.) 2+2+2+2=8, 4x2=8
2.) 1+1+1+1+1+1=6,
3.) 2+2+2+2+2=10, 5x2=10
4.) 4+4+4+4=16, 4x4=16

C.
1.) 3x7=21 2.) 2x8=16 3.) 4x4=16 5.) 5x2=10

D.
1.) 5x4=20 2.) 4x6=24 3.) 2x10=20
4.) 8x3=24 5.) 5x9=45 6.) 2x6=12
7.) 2x11=22 8.) 3x3=9 9.) 5x8=40 10.) 7x3=21

E.
1.) 4x5=20 2.) 6x2=12 3.) 3x5=15 4.) 3x11=33
5.) 5x2=10 6.) 5x12=60 7.) 100x12=120
8.) 13x12=156

pp. 15-17
A.
1.) 4x3=12 2.) 2x5=10 3.) 6x2=12
4.) 3x5=15 5.) 2x6=12 6.) 7x1=7
7.) 8x2=16

B.
1.) 6 2.) 18 3.) 20 4.) 10 5.) 28
6.) 24 7.) 30 8.) 27 9.) 40

pp. 19-21
1.) 3x3=9, 3x3=9 2.) 6x4=24, 4x6=24
3.) 5x1=5, 1x5=5 4.) 6x5=30, 5x6=30
5.) 2x2=4, 2x2=4 6.) 4x5=20, 5x4=20
7.) 4x3=12, 3x4=12 8.) 6x2=12, 2x6=12
9.) 5x3=15, 3x5=15 10.) 8x1=8 1x8=8

pp. 25-28 (See Multiplication Chart on p.) 23.)

pp. 30-43
A. 20,50,60,90
B. 10,15,25,30,40,45
C. 6,12,15,18,24,30
D. 4,6,10,14,18,20
E. 3,9,15,18,24,27,30
F. 7,14,28,42,49,63, 70
G. 18,27,45,54,72,81,90

H. Complete the Skip Counting Series by 2's
1.) 88,90,92,94,96,98 2.) 97, 99, 103, 105, 107
3.) 83, 85, 89, 95, 97 4.) 88, 90, 96, 98, 102
5.) 96, 100, 102, 104, 106, 108
6.) 96, 98, 102, 104, 200 7.) 84, 88, 90,94, 96
8.) 95, 97, 99, 103,107 9.) 87, 89, 91, 93, 97
10.) 90, 96, 98, 100, 104 11.) 98, 100, 102, 106, 110
12.) 82, 86, 90, 92, 94

I. Complete the Skip Counting Series by 3's
1.) 98, 101, 104, 107,110
2.) 103, 106, 109, 112, 115
3.) 97, 100, 103, 106, 109
4.) 105, 108, 111, 114, 117
5.) 90, 93, 96, 99, 102
6.) 93, 96, 99, 102, 105

7.) 89, 92, 95, 98, 101
8.) 92, 95, 98, 101, 104
9.) 106, 109, 112, 115, 118
10.) 94, 97, 100, 103, 106
11.) 108, 111, 114, 117, 120
12.) 102, 105, 108, 111, 114

J. Complete the Skip Counting Series by 4's
1.) 98, 102, 106, 110, 114
2.) 95, 99, 103, 115, 119
3.) 89, 93, 101, 109, 113
4.) 85, 93, 97, 101, 105
5.) 87, 103, 107, 111, 115
6.) 94, 106, 114, 118, 122
7.) 95, 103, 107, 111, 123
8.) 82, 86, 94, 98, 102
9.) 84, 92, 96, 100, 108
10.) 98, 102, 106, 110, 126
11.) 99, 103, 115, 119, 123
12.) 97, 101, 109, 121, 125

K. Complete the Skip Counting Series by 5's
1.) 114, 119, 124, 129, 134
2.) 80, 85, 95, 100, 115
3.) 86, 101, 111, 116, 121
4.) 91, 101, 106, 111, 116,
5.) 93, 103, 108, 118, 128
6.) 92, 107, 112, 122, 127
7.) 94, 99, 114, 124, 129
8.) 96, 101, 121, 126, 131
9.) 89, 94, 99, 119, 124
10.) 98, 108, 113, 123, 128
11.) 93, 98, 103, 113, 118
12.) 95, 105, 110, 115, 120

L. Complete the Skip Counting Series by 6's
1.) 115, 121, 127, 133, 139
2.) 111, 117, 123, 129, 135
3.) 108, 114, 120, 126, 132
4.) 110, 116, 122, 128, 134
5.) 104, 110, 116, 122, 128
6.) 98, 104, 110, 116, 122
7.) 114, 120, 126, 132, 138
8.) 106, 112, 118, 124, 130
9.) 112, 118, 124, 130, 136
10.) 113, 119, 125, 131, 137
11.) 102, 108, 114, 120, 126,
12.) 116, 122, 128, 134, 140

M. Complete the Skip Counting Series by 7's
1.) 105, 112, 119, 126, 133
2.) 93, 114, 121, 128, 135
3.) 85, 92, 99, 120, 134
4.) 88, 95, 102, 116, 130
5.) 103, 110, 117, 124, 131
6.) 96, 103, 110, 131, 138
7.) 97, 118, 125, 132, 139,
8.) 98, 112, 119, 133, 147
9.) 92, 99, 113, 127, 141
10.) 87, 101, 108, 115, 122
11.) 106, 120, 127, 134, 141
12.) 96, 103, 110, 117, 131

N. Complete the Skip Counting Series by 8's
1.) 110, 118, 126, 134, 142
2.) 123, 131, 139, 147, 155
3.) 105, 113, 121, 129, 137
4.) 112, 120, 128, 136, 144
5.) 104, 112, 120, 128, 136
6.) 118, 126, 134, 142, 150
7.) 106, 114, 122, 130, 138
8.) 119, 127, 135, 143, 151
9.) 109, 117, 125, 133, 141
10.) 121, 129, 137, 145, 153
11.) 114, 122, 130, 138, 146
12.) 120, 128, 136, 144, 152

O. Complete the Skip Counting Series by 9's
1.) 111, 120, 129, 138, 147
2.) 94, 103, 112, 121, 148
3.) 96, 105, 132, 150, 159
4.) 99, 117, 135, 144, 162
5.) 82, 91, 100, 109, 145
6.) 100, 109, 118, 136, 145
7.) 104, 113, 122, 140, 149
8.) 90, 99, 135, 144, 153
9.) 89, 98, 116, 134, 152

10.) 107, 116, 125, 143, 161
11.) 97, 106, 124, 142, 160
12.) 94, 103, 112, 139, 157

P. Complete the Skip Counting Series by 10's
1.) 114, 124, 134, 144, 154
2.) 88, 98, 128, 138, 158
3.) 96, 116, 126, 136, 146
4.) 81, 91, 101, 121, 141
5.) 99, 109, 129, 149, 159
6.) 90, 100, 120, 150, 160
7.) 91, 121, 131, 141, 151
8.).) 107, 127, 137, 157, 167
9.) 90, 110, 120, 140, 150
10.) 109, 119, 129, 139, 149
11.) 87, 107, 117, 137, 157
12.) 104, 114, 124, 134, 144

Q. Complete the Skip Counting Series by 11's
1.) 74, 85, 96, 107, 118
2.) 91, 102, 113, 124, 135
3.) 76, 87, 98, 109, 120
4.) 79, 90, 101, 112, 123
5.) 83, 94, 105, 116, 127
6.) 85, 96, 107, 118, 129
7.) 80, 91, 102, 113, 124
8.) 82, 93, 104, 115, 126
9.) 78, 89, 100, 111, 122
10.) 86, 97, 108, 119, 130
11.) 89, 100, 111, 122, 133
12.) 92, 103, 114, 125, 136

R. Complete the Skip Counting Series by 12's
1.) 124, 136, 148, 160, 172
2.) 94, 106, 130, 154, 166
3.) 81, 93, 117, 129, 165
4.) 86, 98, 122, 146, 170
5.) 96, 132, 144, 156, 180
6.) 89, 113, 149, 161, 173
7.) 91, 115, 139, 163, 175
8.) 80, 92, 104, 116, 164

9.) 111, 123, 135, 159, 183
10.) 122, 134, 146, 158, 170
11.) 82, 94, 106, 142, 154
12.) 97, 121, 133, 157, 169

pp. 45-46
1.) 16032 2.) 8730 3.) 25711 4.) 9688
5.) 26025 6.) 20322 7.) 59364 8.) 10374
9.) 19722 10.) 64638 11.) 17184 12.) 54423
13.) 23040 14.) 20587 15.) 31116

pp, 48-50
1.) 61656 2.) 575358 3.) 64008
4.) 16146 5.) 235476 6.) 532
7.) 1034 8.) 40848 9.) 34112
10.) 273078 11.) 14840 12.) 12747
13.) 428915 14.) 289435 15.) 75932
16.) 29810 17.) 490200 18.) 48069
19.) 627588 20.) 85510 21.) 950456
22.) 240582 23.) 480480 24.) 485904
25.) 393624 26.) 327567 27.) 258996
28.) 28644 29.) 66612 30.) 56242
31.) 18970 32.) 9460 33.) 34560
34.) 3470 35.) 8370 36.) 2630

pp. 53 The Letter D!
pp. 54-58
A.
1,4,9
16,25,36
49,64,81
100,121,144

B.
1.) 3 2.) 9 3.) 4
4.) 8 5.) 10 6.) 7
7.) 7 8.) 56 9.) 7
10.) 9 11.) 7 12.) 12
13.) 8 14.) 6 15.) 20
16.) 8 17.) 5 18.) 9
19.) 36 20.) 1 21.) 20
22.) 8 23.) 6 24.) 3
25.) 1 26.) 5 27.) 1

28.) 63 29.) 16 30.) 8
31.) 36 32.) 30 33.) 2
34.) 6 35.) 9 36.) 4
37.) 4 38.) 63 39.) 8
40.) 3 41.) 27 42.) 8
43.) 10 44.) 6 45.) 18
46.) 9 47.) 2 48.) 8
49.) 6 50.) 1 51.) 9
52.) 63 53.) 18 54.) 54
55.) 10 56.) 5 57.) 6
58.) 9 59.) 3 60.) 5
61.) 3 62.) 9 63.) 14
64.) 8 65.) 10 66.) 15
67.) 72 68.) 9 69.) 3
70.) 10 71.) 10 72.) 15
73.) 2 74.) 35 75.) 3
76.) 6 77.) 60 78.) 9
79.) 70 80.) 16 81.) 25
82.) 2 83.) 2 84.) 6
85.) 6 86.) 2 87.) 25
88.) 4 89.) 15 90.) 7
91.) 12 92.) 35 93.) 54
94.) 9 95.) 2 96.) 63
97.) 20 98.) 4 99.) 8
100.) 81 101.) 45 102.) 8
103.) 9 104.) 12 105.) 5

p. 59 (See Multiplication Circle on p. 24)
p. 60 SOLVING MULTIPLICATION IS FUN.)
p. 61

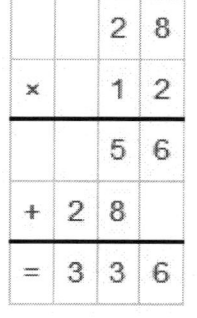
1.)

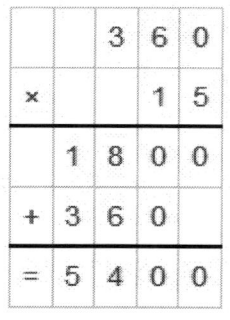
2.)

3.)
```
        8 6 9
    ×   6 3 1
        8 6 9
  +   2 6 0 7
  +   5 2 1 4
  = 5 4 8 3 3 9
```

4.)
```
          9 9
    ×     7 8
        7 9 2
    +   6 9 3
    = 7 7 2 2
```

5.)
```
        5 4 8
    ×     7 8
      4 3 8 4
    + 3 8 3 6
    = 4 2 7 4 4
```

6.)
```
        5 8 9 6
    ×     1 8 9
      5 3 0 6 4
    + 4 7 1 6 8
    +   5 8 9 6
    = 1 1 1 4 3 4 4
```

pp. 62-65
1.) 240 eggs 2.) 180 minutes 3.) $756
4.) 28 days 5.) 240 pieces 6.) 160 miles
7.) $0.60 8.) 30 candies 9.) 450 bottles
10.) $2829 11.) $125 12.) 1350 pieces
13.) $33.00 14.) 140 pencils 15.) 280 learners
16.) $125 17.) 12 eggs 18.) $6 19.) 2360 grams

pp. 65-67
1.) 50 2.) 30 3.) 500 4.) 300 5.) 5000 6.) 3000
7.) 50000 8.) 30000 9.) 3000 10.) 4000
11.) 600 12.) 30000 13.) 20 14.) 7000 15.) 240000
16.) 400 17.) 30000 18.) 400 19.) 6000 20.) 210
21.) 120 22.) 16000 23.) 7890000 24.) 3400

25.) 566000 26.) 27000 27.) 900000 28.) 72000
29.) 34000 30.) 4000 31.) 6200 32.) 213000
33.) 1120 34.) 77000 35.) 80000 36.) 1000
37.) 60000 38.) 300 39.) 14000 40.) 70

pp. 68-69
A.

1.) 7	13.) 10
2.) 1	14.) 7
3.) 2	15.) 12
4.) 11	16.) 6
5.) 12	17.) 11
6.) 9	18.) 9
7.) 3	19.) 3
8.) 4	20.) 2
9.) 10	21.) 8
10.) 6	22.) 5
11.) 8	23.) 1
12.) 5	24.) 4

B.

1.) 20	31.) 22	16.) 8	46.) 22
2.) 48	32.) 88	17.) 12	47.) 88
3.) 36	33.) 77	18.) 4	48.) 66
4.) 16	34.) 110	19.) 20	49.) 66
5.) 8	35.) 66	20.) 36	50.) 143
6.) 32	36.) 11	21.) 44	51.) 110
7.) 28	37.) 77	22.) 24	52.) 55
8.) 40	38.) 132	23.) 32	53.) 132
9.) 28	39.) 11	24.) 24	54.) 44
10.) 48	40.) 99	25.) 55	55.) 11
11.) 4	41.) 121	26.) 132	56.) 77
12.) 36	42.) 55	27.) 99	57.) 66
13.) 12	43.) 33	28.) 44	58.) 99
14.) 40	44.) 110	29.) 121	59.) 55
15.) 32	45.) 44	30.) 33	60.) 77

CONCLUSION

Thank you again for buying this book! I hope you enjoyed with my book. Finally, if you like this book, please take the time to share your thoughts and post a review on Amazon. It'd be greatly appreciated! Thank you!

Next Steps
– Write me an honest review about the book –
I truly value your opinion and thoughts and I will incorporate them into my next book, which is already underway.

WWW.THEBOOKHIVE.NET
VISIT PAGE: FACEBOOK.COM/THEBOOKHIVEDOTNET

FOLLOW ME: AMAZON.COM/AUTHOR/MELISSAS

You may like

WWW.THEBOOKHIVE.NET
VISIT PAGE: FACEBOOK.COM/THEBOOKHIVEDOTNET

FOLLOW ME: AMAZON.COM/AUTHOR/MELISSAS

You may like

WWW.THEBOOKHIVE.NET
VISIT PAGE: FACEBOOK.COM/THEBOOKHIVEDOTNET

FOLLOW ME: AMAZON.COM/AUTHOR/MELISSAS

Made in the USA
Middletown, DE
05 November 2020